园林植物景观设计实录丛书
The Illustrated Landscape Plants Series

彩色植物与景观 草本卷

Colored Plants and Their Landscape (The Herbaceous Plants)

周厚高　主编　百彤文化　编
王斌　周厚高　摄影

華中科技大學出版社
http://www.hustp.com
中国·武汉

图书在版编目（CIP）数据

彩色植物与景观 . 草本卷 / 周厚高主编 ; 百彤文化编 . – 武汉 : 华中科技大学出版社 , 2011.11
(园林植物景观设计实录丛书)

ISBN 978-7-5609-7492-7

Ⅰ . ①彩… Ⅱ . ①周… ②百… Ⅲ . ①草本植物 – 园林设计：景观设计 Ⅳ . ① TU986.2

中国版本图书馆 CIP 数据核字（2011）第 232755 号

彩色植物与景观 草本卷 周厚高 主编 百彤文化 编

出版发行：华中科技大学出版社（中国 · 武汉）
地　　址：武汉市武昌珞喻路1037号（邮编430074）
出 版 人：阮海洪

策划编辑：王　斌
责任编辑：黎若君
责任校对：段园园
责任监印：秦英
装帧设计：百彤文化

印　　刷：利丰雅高印刷（深圳）有限公司
开　　本：889 mm × 1194 mm 1/16
印　　张：14.75
字　　数：118千字
版　　次：2012年4月第1版 第1次印刷
定　　价：178.00元（USD 35.99）

華中出版

投稿热线 :（020）66638820　　1275336759@qq.com
本书若有印装质量问题，请向出版社营销中心调换
全国免费服务热线：400-6679-118 竭诚为您服务

丛书简介 INTRODUCTION

《园林植物景观设计实录》丛书重点介绍我国常用和新优园林植物的优良品种及其景观营造的经典实例，用简洁的文字、精美的图片展示我国园林植物景观建设的最新成就，反映园林植物配置和城市生态建设的新理念、新技术。

丛书按照园林植物景观的类型和园林植物的功能、特色分册出版。其中，三卷彩色植物系统收集整理了我国及周边国家彩色植物品种资源和精彩的园林景观实例，为国内目前最完整的彩色植物著作，无疑是本丛书的亮点之一。水景营造和河流、湖、塘生态改造是我国近年城市生态建设和景观建设的重点，作者倾力展示国内外水体植物景观的经典作品和创新配置，时代感强烈，相信能满足国内同行的迫切需要。《芳香植物景观》总结国内园林景观香化建设的成果，为功能植物园林的建设提供参考。发达国家绿地中观赏草的应用比例很大，景观效果良好，是低碳园林的常用植物材料，国内应用近年日益增加，发展趋势明显，《大型草本植物景观》介绍我国的大型宿根草本植物品种资源和应用效果，也是丛书的特色之一。

丛书专业性较强，真诚奉献给园林景观设计师、园林管理者和建设者、相关大专院校师生以及科研院所的科技工作者参考、借鉴，也提供给花卉爱好者收藏鉴赏。

前言

中国城市绿化和园林植物景观建设近十年来快速发展，在许多方面有了明显的进步。首先，城市绿地面积有了快速的增长，生态环境和居住环境有了较大的改善，住宅小区开发对绿化、美化和景观建设的重视达到了空前的高度。其次，园林植物多样性程度得到了大幅度提升，各地近年大量引进国内外优良绿化植物、开发乡土植物，使城市绿地的植物种类大量增加，极大地丰富了物种多样性，提高了生态效益和植物景观效果。第三，植物景观工程质量大幅度提高，表现在景观工程、绿化工程的设计、施工水平的提高以及植物景观养成水平的提高。第四，城市植物景观质量大幅度提高，在施工技术水平、景观养成水平提高的基础上，由于大量引进、使用经过改良的绿化植物品种，其观赏性、景观性、功能性和适应性都大为提高，比如彩化、香化、立体化和功能化等类型植物的大量使用，使园林植物景观质量有明显提升。

2004～2006年我们调查、收集国内城市优秀园林绿化案例，总结当时植物景观的最新成就，反映当时园林植物景观建设的水平，出版了一套8册的《现代园林植物景观》丛书，包括地被植物、水体植物、阴地植物、花坛植物、藤蔓植物、芳香植物、绿篱植物和行道植物。短短5年，今天，这套书已经不能满足当前园林植物景观建设的需要，不能代表当前我国城市植物景观建设的最高水准。为此，我们重新编写本系列丛书，将我国最新的园林绿化成就展示出来，为设计师、城市绿化、园林建设者、管理者和大专院校师生提供借鉴。

PREFACE

本丛书分为彩色植物、芳香植物、水体植物、观花树木、藤蔓植物、大型草本植物等9册，重点介绍园林中常用和新优的园林植物及其优秀的景观实例，其中，彩色植物分为木本卷、草本卷和季色卷，系统介绍我国及周边地区彩色植物品种组成和优秀景观，将是我国目前最系统、最完整的彩色植物专著。

本书是我国园林植物景观建设成就一个阶段性的总结，由于我国园林绿化事业快速发展和作者水平的限制，错漏一定不少，真诚希望读者多提宝贵意见，以便进一步修改完善。

2011年6月1日于广州

目录 CONTENT

第一章

彩色植物的分类

彩色植物的概念很简单，可以定义为，植物体上的任何一处呈现出非绿色彩，就可被称为彩色植物。彩色植物的范围很广泛，包括植物体的不同器官呈现非绿的色彩，不同的生育期、不同的季节植物体不同部位呈现非绿的色彩，当然植物体也可以一年四季都是彩色的。在彩色植物中，一般以叶片呈现非绿色彩的，称为彩叶植物。

一、彩叶植物的分类

彩色植物的分类方法很少，但是彩叶植物的分类则有多种方法。下面是几种常见的彩叶植物分类方法。

（一）按色彩在叶面上的分布和观赏期分类

按照彩叶植物色彩在叶面上的分布和观赏期可以分为以下几类（曾云英、徐幸福，2005），本法的优点是简单明了。

春色叶植物：这类植物在春季新发的嫩叶有显著不同的叶色，如五角枫、矮南天竹、金叶风箱果、金焰绣线菊、魔毡绣线菊、紫叶美国梓树等。

夏色叶植物：这类植物在炎热的夏天呈现出特殊的叶色，这类植物品种不多但很珍贵，如金叶欧洲白蜡。

秋色叶植物：指在秋季叶色有明显变化的植物。此类植物品种很多，秋叶呈红色、紫红色、黄色等，如黄栌、槭树科植物、胡杨、火焰卫矛等多个品种。

双色叶植物：这类植物的叶背与叶表的颜色不同，如银白杨、红背桂，以及原产于欧洲北部的银槭等。

常色叶植物：有些植物常年均呈现特殊的颜色，如红枫、金叶榆、紫叶黄栌、紫叶矮樱等。

斑色叶植物：绿叶上具有其他颜色的斑点或条纹，如花叶锦带花、花叶肥皂荚、变叶木类等。

在上述类群中，秋色叶植物和斑色叶植物是目前我国应用较多的彩叶植物类型。

（二）按彩叶呈现的时间分类

本方法主要根据彩叶呈现的时间或季节分类，简明易懂，更加全面和科学（钱萍、季春峰，2010），是一种较好的彩叶植物分类方法。

1. 常年色叶类

该类植物在其整个生长周期内都呈现出绿色以外的其他颜色。

（1）单色叶类

叶上仅具一种绿色以外的色块。依据颜色斑块的类型以及分布部位划分为如下三大类若干小类。

1）点斑类

该类植物叶上斑块呈点状分布，在中文名称中常有“洒金”之称，如洒金榕、洒金蜘蛛抱蛋、洒金桃叶珊瑚等。

2）线斑类

该类植物叶上斑块呈线状分布，依据部位不同又可细分为：①边缘线斑：斑块分布于叶的边缘，一般常称为“金边”、“银边”，如金边大叶黄杨、金边吊兰、金边阔叶麦冬、玉边棣棠等；②中心线斑：斑块分布于叶的中心，常沿中脉分布，常称为“金心”、“银心”，如金心大叶黄杨、银心吊兰；③沿脉线斑：斑块沿叶脉分布，如金脉爵床、金脉美人蕉、金脉忍冬、双线竹芋等。

3）面斑类

斑块呈大块分布，又可分为：①完全面斑：斑块覆盖整个叶面，如金叶女贞、紫叶小檗、紫叶桃、红叶李、金叶假连翘；②不完全面斑：斑块覆盖部分叶面，常称为“花叶”，如花叶胡颓子、花叶马醉木、花叶锦带花等。

（2）多色叶类

叶上具两种或多种颜色的色块。又可分为双重色块与多重色块两种，前者如胡颓子、毛白杨、红背桂等双面叶树种，后者如雁来红、“变色龙”鱼腥草等。

2. 季节色叶类

该类植物仅在生长季中的某个或某段时期呈现绿色以外的其他颜色，依据出现的时期不同又可分为新色叶类与老色叶类。

（1）新色叶类

该类植物新叶颜色美丽可观，在以前的资料中常被称为“春色叶”，但这种称法具有很大的局限性，因为对于绝大多数温带或亚热带树种来说，春季的确是出新叶的时间，但有些原产于热带或亚热带的常绿树种出新叶的时间并不固定，一年之内可能会出数次新叶，因此，笔者认为称新色叶更为合理。依据颜色不同还可作进一步划分。

新叶红色类，幼叶呈现红色，如红叶石楠、石楠、樟树、木荷、三叶赤楠、铁力木、荔枝、龙眼、刨花楠、芒果等。

新叶黄色类，幼叶呈现黄色，如石栎、新木姜子、乌药等。

新叶白色类，幼叶呈现白色、乳白色，如马鞍树等。

（2）老色叶类

该类植物即将脱落的老叶颜色鲜艳美观，在以前的资料中常被称为“秋色叶”，但与前一类情况相同，这种说法也有很大的局限性，因为对于绝大多数温带或亚热带树种来说，秋季往往是老叶脱落的时间，但有些原产于热带或亚热带的常绿树种换叶的时间并不固定，一年之内可能经常有少量老叶脱落，因此笔者认为称老色叶更为合理。依据颜色不同还可作进一步划分。

老叶红色类：落叶前，叶色变为红色，如槭树类、盐肤木、火炬树、黄栌、枫香、黄连木、乌桕、樟树、杜英等。

老叶黄色类：落叶前，叶色变为黄色，如银杏、无患子、

第二章

草本彩色植物重要类群

第一节 双子叶植物

无瓣花

地肤
Kochia scoparia

俗名：扫帚草、绿帚

科属名称：藜科地肤属

形态特征 一年生草本。直立，分枝多而细密。株型圆柱状或卵圆形；株高 0.8~1.0 m，冠幅 0.5~0.6 m；质地细腻。叶披针形或条状披针形；叶色黄绿，明快。花、果小，观赏价值一般。

应用地域 由于是一年生植物，通过调节播种期，我国各地均应用。在世界各地也有应用。

园林应用 地肤生长能力极强，园林中多作为边缘植物，用于花坛或花境栽植；又因其有一定的自播能力，也可作为地面覆盖、庭院布置。

相关品种 细叶扫帚草（*Kochia scoparia* var. *culta*），别名扫帚苗，株型较小，叶细软，色嫩绿，秋转红紫色。

地肤

地肤

中

甜菜
Beta vulgaris

俗名：甜菜、莙菜

科属名称：藜科莙菜属

形态特征 二年生冬季观叶地被植物。植株矮小。主根直生，不肥大。植株高 30~40 cm，冠幅 10~15 cm。群体质地粗糙。基生叶长圆形，暗紫红色或绿色，叶柄红色或黄色，肉质，叶面上叶脉红色到紫色，也有叶脉黄色品种。耐寒性较强，幼苗越冬，入春后逐渐抽薹开花。

应用地域 原产于欧洲。我国长江流域园林中广泛栽培。

园林应用 可作地被、花坛花镜、庭院布置。也可盆栽造景。

相关品种 红柄甜菜 ' Dracaenifolia'，叶柄红色，植株较大；血红甜菜 'Bull's Blood' 植株较小。金色初日 'Golden Sunrise'，叶柄、叶脉黄色。

金色初日

血红甜菜

红柄甜菜

血苋

Iresine herbstii

俗名

红叶苋、红洋花、圆叶洋苋、红靛

科属名称

苋科血苋属

形态特征 多年生草本，高可达 1~1.5 m，冠幅 0.5 m。全株紫红色，茎枝红色，叶对生，叶面红色，有黑褐色斑纹，叶背深红，叶脉呈黄色或红色，椭圆形至圆形，端钝并常凹陷，个别品种渐尖。秋季开花，顶生穗状花序复结成圆锥花卉，花黄色，果为不开裂的胞果，有种子 1 颗。

应用地域 原产于南美洲。世界各地栽培。

园林应用 适宜地被、盆栽、花坛、花径配置以及庭院布置。

相关品种 黄脉洋苋 'Aureo-reticulata'、尖叶洋苋 'Acuminata'、玫红血苋 'Blazin Rose'

尖叶洋苋

玫红血苋

红龙草

Alternanthera dentata

俗名

大叶红草

科属名称

苋科莲子草属

形态特征 多年生草本，株高约为 20~50 cm，冠幅 15~30 cm；群体质地粗糙。茎多分枝。叶对生，长椭圆形，全缘，叶面紫色，叶背颜色淡一些，节间长，叶稀疏。花两性，头状花序，单生于苞片腋部。

应用地域 我国大部分地区都有栽培，温带地区可按一年生草本植物栽培，需在 15℃以上的温室中越冬，华南地区露地栽培。

园林应用 适于庭园配置，大型绿地作彩色地被效果良好；也可用于花丛、花坛或花镜边缘及岩石周围的点缀；还可用于盆栽和箱栽，装饰会堂或居家都为佳品。

相关品种 红龙草的栽培品种较多，如 'Ruliginosa'、锦叶红龙草 'Rainbow'，叶面卷曲有皱，叶色银绿至绿色；紫杯苋 *Cyathula prostrata* 'Blood-red Leaves'， 叶较大，矩圆形，渐尖，叶紫黑色，节间较大，叶稀疏；紫绢苋 *Aerva songuinolenta* 'Songuinea' 叶较小，椭圆状卵形，急尖，叶色紫红、紫褐色。植株具半蔓性。

红龙草

红龙草

锦叶红龙草

紫娟苋

紫杯苋

红绿草

Alternanthera paronychioides

俗名：绿苋草、彩苋草、红苋草、白苋草

科属名称：苋科莲子草属

形态特征 多年生常绿草本，植株直立或平卧，簇生，高度 10~15 cm，质地较细腻。叶椭圆形、卵形或倒卵形，同对生叶近等大，长 1~3 cm，宽 4~10 mm，顶端钝或近急尖，基部渐狭；叶形变化大，叶色丰富，红、白、黄为主。穗状花序 1~3 个生于叶腋，球形或长卵形，长约 1 cm，花白色，无总花梗。

应用地域 原产于中南美洲、巴西南部。可在东半球热带广大地区栽培，我国各省区多有栽培。

园林应用 红绿草应用广泛，可用于公园或景区花坛或作为花境的镶边材料；大面积栽植色彩效果尤佳，不同色彩的品种配植成各种地被以及图案、花纹、文字等平面或立体的景观。

相关品种 该种品种较多，与其形态、色彩和应用形式相近的种类也较多。彩苋菜 *Alternanthera bettzickiana* 'Tricolor' 叶色黄色或多种颜色，叶柄极短，头状花序，花白；纯黄 'Yellow' 叶色浅黄；红线 'Red Threads' 叶片线性，较长；白苋草 'Variegata' 叶边具有较大面积的白边和斑块，可达叶面的一半；锦苋草 *Alternanthera tenella*'Tricolor' 叶卷，粉红色；花叶苋 'Mottled Leaves' 叶具红黄绿彩斑镶嵌。

红绿草

红绿草

红绿草

红线

白苋草

红绿草

红枝莲子草

锦苋草

花叶苋

白苋草

紫叶酢浆草

Oxalis violacea 'Purple Leaves'

科属名称

酢浆草科酢浆草属

形态特征 多年生草本。地下茎块状。株高 20~25 cm，冠幅可达 20~30 cm，质地较粗。叶丛生，叶柄较长，具小叶 3 枚，叶片紫红色，阔倒三角形。总花梗长于叶柄，成伞形花序，顶生小花 12~14 朵，花冠 5 裂，淡红色，有时一年开 2 次花。花期 4~6 月和 11 月。

应用地域 原产于美洲热带地区。我国热带、亚热带地区广为应用。

园林应用 地被、花坛花镜、庭院布置。

相关品种 *Oxalis regnellii* 叶面绿色，有白色人字斑块；*Oxalis regnellii* var. *purple* 叶面紫黑色，有红色人字斑块；*Oxalis tetraphylla* 叶具顶生 4 小叶，绿色，基部具红斑。

Oxalis regnellii

紫叶酢浆草

Oxalis regnellii var. *purple*

Oxalis tetraphylla

蓖麻

Ricinus communis

俗名

大麻子、老麻了、草麻

科属名称

大戟科蓖麻属

形态特征 一年或多年生草本植物。全株光滑，上被蜡粉，通常呈绿色、青灰色或紫红色；高度变化大。茎圆形中空，有分枝。叶互生，大型，叶掌状，12 裂，大而美观。圆锥花序，单性花无花瓣，雌花着生在花序的上部，淡红色花柱，雄花在花序的下部，淡黄色。果古铜色到红色，生有硬毛和刺，簇生，美观。喜高温，不耐霜，酸碱适应性强。

应用地域 我国自海南至黑龙江北纬 49° 以南均有分布。

园林应用 庭院孤植、片植均有良好的景观效果。

相关品种 蓖麻属仅蓖麻一种，但有百余个自然类型和许多园艺品种，如红叶蓖麻 'Gibsonii'，红芽蓖麻 'Impala' 等。

红叶蓖麻

矾根
Heuchera micrantha

科属名称
虎耳草科矾根属

形态特征 多年生耐寒草本花卉，浅根性，在温暖地区常绿。植株高 10~20 cm，株型半圆，常覆盖地面。叶基生，单叶，阔心型，长 20~25 cm，叶脉掌状，叶片有的掌状，颜色丰富，因不同品种色彩不同，有深紫色、白色、红色等。花期 4~10 月。总状花序，纤细，挺出叶丛；花小，钟状，花径 0.6~1.2 cm，红色，两侧对称。

应用地域 耐寒，在我国北方及冷凉地区应用较多，南方冬春季节性应用。

园林应用 国外引入的多年生宿根花卉。适合做花境、花坛、花带，耐 −34℃低温。喜半荫，耐全光；园林中多用于林下花境、地被、庭院绿化等，是理想的宿根花境材料。

相关品种 杂交矾根 *Heuchera hybrida* 品种较多，色彩丰富。国内常见品种有：‘梦幻色彩’矾根（*Heuchera* 'Magic Color' ）、‘海王星’矾根（*Heuchera* 'Neptune' ）、‘旋转幻想’矾根（*Heuchera* 'Swirling Fantasy' ）

Electra

H. 'Georgia Peac'

H. 'Lime Marmalade'

H. 'miracle'

H. 'Pettiacoats'

H.'Obsidiana'

Heuchera american 'Dale's Diversifolia'

Midnight Rose

Prince of Silver

花叶金线草

Polygonum filiforme 'Variegata'（*Polygonum virginianum*）

俗名	科属名称
山蓼	蓼科蓼属

形态特征 多年生直立草本，高 50~100 cm。根茎横走，粗壮，扭曲。茎节膨大。叶互生；有短柄；托叶鞘筒状，抱茎，膜质；叶片椭圆形或长圆形，长 6~15 cm，宽 3~6 cm，先端短渐尖或急尖，基部楔形，全缘，两面有长糙伏毛，叶面有大面积白色斑块甚至全为白色。穗状花序顶生或腋生，细长；花小，红色。花期秋季；果期冬季。

应用地域 全球南温带到亚热带地区应用，我国黄河以南地区均可应用。

园林应用 地被、花坛花镜、庭院布置。

相关品种 金箭蓼 *Polygonum amplexicaules* 'Golden Arrow'。

花叶金线草

花叶金线草

金剑蓼

天竺葵

Pelargonium hortorum

俗名：洋葵、洋绣球

科属名称：牻牛儿苗科天竺葵属

形态特征 多年生草本植物，株高 30~60 cm，冠幅 20~30 cm。全株被细毛和腺毛，具异味。茎肉质。叶互生，圆形至肾形，通常叶缘内有马蹄纹。伞形花序顶生，总梗长，花有白、粉、肉红、淡红、大红等色，有单瓣、重瓣之分，还有叶面具白、黄、紫色斑纹的彩叶品种。花期 5~6 月。喜温暖、湿润和阳光充足的环境。耐寒性差，怕水湿和高温。

应用地域 天竺葵原产于非洲南部。

园林应用 园林中常作地被、花坛花镜、庭院布置，也常作盆花栽培。

相关品种 天竺葵是一群成员较多的园林植物，可以分为常春藤叶型、芳香叶型等 4~6 类，每类均有花叶品种。

Charity

Crocodile

Variegated Oak

花叶冷水花
Pilea cadierei

俗名	科属名称
白雪草、透白草	荨麻科冷水花属

形态特征 多年生草本。株高30~60 cm，茎多汁，淡绿色。叶交互对生，椭圆形，长3~6 cm，叶面有白色的两侧对称的花纹，主脉3条，边缘有粗锯齿。花单性，雌雄同株，白色，排成腋生的近头状的伞房花序。花期秋季。

应用地域 原产于越南，多分布于热带地区。

园林应用 室内装饰适宜盆栽和吊盆，南方可用作地被植物，作室外带状或片状地栽布置，也是花坛花镜的好材料。

相关品种 无。

花叶冷水花

色叶秋海棠

Begonia spp.

俗名
秋海棠

科属名称
秋海棠科秋海棠属

形态特征 植株高 20~100 cm，肉质状。叶互生，叶形两侧不对称，叶面具有色彩或斑纹、斑块的类型。有许多种的花或叶色彩鲜艳，突出的特征是通常有 4 种颜色的瓣状被片（花瓣和萼片一起），两大两小，雌花的子房有 3 个翅，花色为粉红、红、黄或白色，子房下位，颜色与花相同。

应用地域 热带、亚热带地区均可栽培。

园林应用 地被、花坛花镜、庭院布置。也可用作室内盆栽植物或园艺植物。

相关品种 种类繁多，如四季秋海棠 *B. semperflorens*、蟆叶秋海棠 *B. rex*、银星秋海棠 *B. argenteo-guttata* 等。

B. 'Lalomie'

B. listada

B. 'Raspberry Swirl'

银叶 *B. hatacoa* 'Silver'

B. 'Dan Thomson'

四季秋海棠色叶

银星秋海棠类

四季秋海棠色叶

银星秋海棠类

羽衣甘蓝
Brassica oleracea var. *acephala* f. *tricolor*

俗名：叶牡丹、牡丹菜
科属名称：十字花科芸苔属

形态特征 二年生草本，茎直立，肉质，较粗壮，无分枝，株高 40~80 cm；叶片聚集，冠幅 30 cm，叶片呈白黄、黄绿、粉红或红紫等色，长椭圆形，边缘羽状分裂，叶片较厚，各品种间叶面皱缩程度不同，叶柄较长，约占全叶的 1/3；总状花序，顶生，具花 20~40 朵，花小，十字形花冠，花黄色，异花授粉。果实长角果，细圆柱形。花期 4 月；果熟期 5~6 月。

应用地域 原产于地中海至小亚西亚一带，在欧、美一些国家栽培历史悠久。近年来从美国、荷兰、德国等国家引进，在我国大部分省区都有广泛栽培。

园林应用 可用于建筑物、庭院、游园花坛、花境的主体观赏材料或镶边植物；也可有规则的在园林、公园等地面种植成带状、圆形、方形等形状；有的品种亦可用以盆栽，装饰家居及办公场合。

相关品种 品种较多。

'Manmoth Red Rock'

Redbear

常夏石竹
Dianthus plumarius

俗名	科属名称
地被石竹	石竹科石竹属

形态特征 宿根草本，高 30 cm，茎蔓状簇生，上部分枝，越年呈木质状，光滑而被白粉。叶厚，灰绿色，长线形，花 2~3 朵，顶生枝端，花色有紫、粉红、白色，具芳香。花期 5~10 月。

应用地域 原产于奥地利。我国长江流域及其以北地区应用，目前成为大中城市绿化中很受欢迎的地被植物之一，特别是在缺水的城市，把常夏石竹当做地被植物的首选。

园林应用 广泛用于点缀城市的广场、公园、街头绿地、庭院绿地和花坛、花境中，深受人们的喜爱。常夏石竹素称“冬不枯、夏不伏”的地被植物。

相关品种 无。

景天类

科属名称
景天科

形态特征 景天科大多为肉质植物，各属都有彩色植物。这是一群复杂的类群，其颜色从灰绿色到黄色、红色、紫黑色；外形多样，有扁平的叶、肉质棒状叶。

应用地域 我国各地均有应用，不同的种类有一定的应用区域。

园林应用 常作地被、花坛花镜和庭园布置。

相关品种 石莲花属 Echeveria，叶丛生成莲座状，叶色灰绿为主，叶尖叶缘常红色、紫色；景天属 Sedum，植株、叶片等变化多，种类多，常见的如八宝景天 *Sedum spectabilis*、黄景天、圆叶景天 *S. makinoi* 等，红叶景天 *Sedum spurium* 'Coccineum'。伽蓝菜属 Kalanchoe 叶轮生或对生，如月兔耳 *K. tomentosa*、唐印 *K. thyrsifolia*；莲花掌属 Aeonium 植株灌木状，叶片集生枝顶，如黑法师 *A. arboreum* 'Atropurpureum'。

唐印

黑法师

红叶景天

红叶景天

遍地黄金

景天

Echeveria 'Black Prince'

八宝景天

月兔耳

Echeveria lauii

Echeveria runyonii

Echeveria gibbiflora var. metalica

成功并恳请下联
成功并恳请下联

芸香
Ruta graveolens

俗名
臭草、香草、百应草、小叶香

科属名称
芸香科芸香属

形态特征 多年生草本，植株高达 1 m，各部有浓烈特殊气味，叶 2~3 回羽状复叶，长 6~12 cm，末回小羽裂片短匙形或狭长圆形，长 5~30 mm，宽 2~5 mm，灰绿或带蓝绿色。花金黄色，花径约 2 cm；与萼片对生的另 4 枚斜展且外露，较长，花盛开时全部并列一起，挺直且等长。果长 6~10 mm，由顶端开裂至中部，果皮有凸起的油点。花期 3~6 月及冬季末期；果期 7~9 月。

应用地域 原产于地中海沿岸地区。我国南北均有栽培。

园林应用 地被、花坛花镜、绿篱、庭院布置。园林中可成片栽植，观赏光亮绿叶及黄色的花朵，或用于大型花坛的中心栽植。枝叶含芳香油，可作调香原料，全草入药。

相关品种 无。

金叶串钱草

Lysimachia nummularia 'Aurea'

俗名	科属名称
金叶过路黄	报春花科珍珠菜属

形态特征 多年生蔓性草本，常绿，全株植株低矮，高 4~10 cm，茎枝匍匐性或悬垂性，枝条可长达 50~60 cm，整体质地细腻，节易生根。单叶对生，圆形，基部心形，长约 2 cm，金黄色；光照不足转绿色，冬季低温期部分叶片呈泛红色。成年植株，花期 6~7 月，单花，顶生或腋生，花色鲜黄，尖端向上翻成杯形，花茎约 2 cm。

应用地域 原产于欧洲，美国西部、日本应用多。现在我国上海、苏州、南京、重庆等地应用，长势好，景观效果佳。

园林应用 喜光耐阴、耐水湿，宜作地被，可大面积种植。亦可植于假山边、石径旁，或沿湖、沿溪种植，叶片灿烂金黄，十分耀眼；亦可和草坪及其他绿色地被相配，由于匍匐蔓延，作吊盆也十分赏心悦目。

相关品种 无。

金叶串钱草

彩叶草
Coleus blumei

俗名
洋紫苏、五彩苏、五色草、锦紫苏

科属名称
唇形科鞘蕊花属

形态特征 多年生常绿草本植物。株高 50~80 cm，枝叶茂密，冠幅 40~60 cm，质地较粗糙。茎为四棱，基部 木质化，单叶对生，卵圆形，先端长渐尖，缘具钝齿牙，叶可长 10~15 cm，宽 8~10 cm，叶面绿色，有淡黄、桃红、朱红、紫等色彩鲜艳的斑纹。顶生总状花序、花小、浅蓝色或浅紫色。小坚果平滑有光泽。

应用地域 亚热带地区、热带地区广泛应用，由于可作一、二年生栽培，我国各地可在适宜季节栽培观赏。

园林应用 彩叶草是地被、花坛花镜造景的优秀材料，点缀庭院景观效果也非常好，同时盆栽彩叶草可装饰室内、阳台。

相关品种 彩叶草变种、品种极多，并且仍在不断地培育新品种，彩叶草在植物景观中占有重要地位。

Chocolate Drop

Dark Star

Dipt in Wine

Electric Lime

Florida Sun Rose

Gold Brucade

Kiki Ferns

Kingswood Torch

Life Lime

Limon Twist

Mariposa

Merlin's Magic

Merlot

Purples Buffles

Purples Buffles

Red Head

Red Hot Rio

Religes Radic

Royal Glissal

Rustic Orange

Sedona

Stained Glasswork

Stained Glasswork Midnight Train

Striped Beauty

The Flume

Tiny Toes

Versa Collection Burgundy to Green

Versa Collection Watermelon

彩叶草

彩叶草

彩叶草

彩叶草

彩叶草

彩叶草

彩叶草

彩叶草

彩叶草

彩叶草

彩叶草

彩叶草

彩叶草

彩叶草

彩叶草

彩叶草

彩叶草

彩叶草

彩叶草

彩叶草

彩叶草

彩叶草

彩叶草

彩叶草

彩叶草

彩叶草

彩叶草

彩叶草

彩叶草

彩叶草

彩叶草

彩叶草

彩叶草

彩叶草

彩叶草

彩叶草

彩叶草

彩叶草

彩叶草

彩叶草

彩叶草

彩叶草

彩叶草

彩叶草

彩叶草

彩叶草

彩叶草

彩叶草

争创全国文明风景旅游区

筋骨草

Ajuga reptans

俗名	科属名称
锦唇花	唇形科筋骨草属

形态特征 多年生草本，高 10~30 cm，茎基部匍匐。叶对生，丛生状，长 3~11 cm，宽 0.8~3 cm。叶柄长 1 cm 以上或几无，绿黄色，有时呈紫红色。单叶对生，匙形或倒卵状披针形，基部楔形，下延，先端钝，叶面皱缩，边缘具齿或缺刻，叶色丰富，有白色、紫色等。轮伞花序 2 至多花，组成间断或密集的穗状花序；花两性，近无梗；花冠紫色至蓝色，稀黄色或白色。坚果。

应用地域 原产于欧洲。我国长江流域及其以北地区部分园林有栽培，在华南也有少量应用。

园林应用 由于其丰富的叶色，在平地或坡地作地被植物，既可保持水土，还可美化环境。可在庭园小径两侧配植，可作花坛花境镶边，也可作草地边缘或林缘地被。

相关品种 栽培品种很多，主要有锦唇花 'Multicolor'、'Dixie Chip'、紫叶筋骨草 ' Atropurpurea'、'Binblasca'。

紫叶筋骨草

筋骨草品种

'Dixie Chip'

'Binblasca'

斑叶凤梨薄荷

Mentha suaveolens 'Variegata'

科属名称
唇形科薄荷属

形态特征 常绿多年生草本，芳香植株，全株有水果香气，揉搓后有特殊清凉香气。植株匍匐状，株高 15~30 cm，叶对生，椭圆形至圆形，叶色深绿，叶缘有较宽的乳白色斑，叶片长 2~3 cm，宽 1.5~2 cm。花粉红色，多集中于 7 月中旬到 8 月中旬开花，花期长达 20~30 d。

应用地域 起源于西欧、南欧和地中海地区。我国长江流域广泛应用于园林中。

园林应用 主要作地被和花坛花镜布置，也可盆栽，作家庭和庭院装饰。

相关品种 无。

棉毛水苏
Stachys byzantina

俗名
羊耳草

科属名称
唇形科水苏属

形态特征 多年生宿根草花。全株被白色长绵毛。株高 35~40 cm，冠幅 45~50 cm；叶丛生，银灰色的叶片柔软而富有质感，叶片长椭圆形至矛状，全缘，质地厚，长 10 cm，宽 2~3 cm。花葶从叶丛中抽出，轮伞花序，花粉红色。花期 6 月。

应用地域 原产于高加索地区至伊朗的石山区。我国长江流域及其以北地区园林中常见应用。

园林应用 植株低矮，叶色银白，可布置花坛色带，花境镶边与点缀，也可用于园林地被和庭院、岩石园点缀。

相关品种 常见栽培品种有 'Silver Carpet'、'Cotton Boll' 等。

银鼠尾

Salvia leucantha

俗名
墨西哥鼠尾、天鹅绒鼠尾

科属名称
唇形科鼠尾属

形态特征 多年生常绿亚灌木，可作一年生栽培。茎四棱，幼茎有厚而明显的白色绒毛，高 0.6~1.2 m。叶对生，披针形，长 5~15 cm，叶面有皱褶，叶背有白色绒毛，叶柄长 2.5 cm。穗状花序顶生，略弧状弯曲成弓形，长 15~30 cm，花萼筒状，紫色或淡紫色，宿存，花冠唇形，花瓣白色，长 2.5~5 cm。花期秋末或初冬至翌年 1 月。

应用地域 原产于美洲中部和墨西哥地区。我国长江流域应用较多。

园林应用 可群植或丛植布置庭院，也能做地被、绿篱和花坛花境。

相关品种 品种如午夜 'Midnight'、紫色天鹅绒 'Purple Velet'，花瓣与花萼同色。相近种金叶优雅鼠尾 *Salvia elegans* 'Golden Delicious'，叶片金黄色，叶片大。

金叶优雅鼠尾

银鼠尾

紫苏
Perilla frutescens

俗名	科属名称
苏叶、回回苏	唇形花科紫苏属

形态特征 一年生直立草本。茎高 0.3~2 m，绿色或紫色，钝四棱形，具四槽，密被长柔毛。叶阔卵形或圆形，长 7~13 cm，宽 4.5~10 cm，两面绿色或紫色，或仅下面紫色，上面被疏柔毛，下面被贴生柔毛；叶柄长 3~5 cm，背腹扁平，密被长柔毛。轮伞花序 2 花，组成长 1.5~15 cm，密被长柔毛、偏向一侧的顶生及腋生总状花序；花萼钟状。花冠白色至紫红色，外面略被微柔毛。花柱先端相等 2 浅裂。小坚果近球形。花期 8~11 月，果期 8~12 月。

应用地域 原产于东南亚、中国大陆中南部、印度喜马拉雅山区。我国各地广泛栽培。

园林应用 适应性强，栽培容易，用于布置花坛、花境或香料园，适合林缘、墙边、坡地成片栽培。也可点缀于庭院。本植物在我国栽培极广，供药用和香料用，叶又供食用。

相关品种 3 个变种：紫苏（原变种 var. *frutescens*)、野生紫苏 (var. *acuta*)、皱叶紫苏 (var. *crispa*)、耳齿变种 (var. *auriculato-dentata*)。

朝鲜蓟

Cynara sclolymus

俗名

菊蓟、菜蓟、法国百合、荷花百合

科属名称

菊科菜蓟属

形态特征 多年生草本，高达 2 m。茎粗壮，直立，全部茎枝被稠密的蛛丝毛或毛变稀疏。叶大形，基生叶莲座状；下部茎叶全形长椭圆形或宽披针形，长约 1 m，宽约 50 cm，二回羽状全裂，下部渐窄，有长叶柄；中部及上部茎叶渐小，无柄或沿茎稍下延，最上部及接头状花序下部的叶长椭圆形或线形，长达 5 cm。叶色灰绿，下面灰白色，被稠密或稀疏的绒毛。头状花序极大。花、果期 7 月。

应用地域 原产于地中海地区，西欧地区有栽培。目前我国主要在上海、浙江、湖南、云南等地有少量栽培。

园林应用 株型、色彩奇特，可作花坛花镜配置，也可点缀庭院，片植作为地被景观效果也好。

相关品种 *Cynara cardunculus* 'Porto Spineless'。棉毛蓟 *Onopordum acanthium*，外形近似朝鲜蓟，植株更开展，叶色更白。

Cynara cardunculus 'Porto Spineless'

棉毛蓟 *Onopordum acanthium*

波斯红草
Strobilanthes dyerianus

俗名
红背马蓝

科属名称
爵床科　耳叶爵床属

形态特征　多年生草本或常绿半灌木，株高 30~50 cm，冠幅 20~30 cm。叶对生，椭圆状披针形，长 10~15 cm，宽 8~10 cm，叶缘有细锯齿，叶脉明显，茎、叶面布满细茸毛，叶上面深绿色并泛布紫色彩斑，叶背紫红色，叶色鲜明，深色、浅色相间。

应用地域　原产于缅甸、马来西亚。

园林应用　是优美的观叶植物，可做地被、花坛花镜以及庭院布置。耐荫性较好，美化效果极佳。

相关品种　无。

波斯红草

波斯红草

金脉爵床

Sanchezia nobilis

俗名：金鸡腊、金叶木、黄脉爵床

科属名称：爵床科黄脉爵床属

形态特征 直立灌木状，一般植株高 50~80 cm，多分枝，茎干半木质化。叶对生，无叶柄，阔披针形，长 15~30 cm、宽 5~10 cm，先端渐尖，基部宽楔形，叶缘锯齿；叶片嫩绿色，叶脉橙黄色。夏、秋季开黄色的花，花为管状，簇生于短花茎上，每簇 8~10 朵，整个花簇为一对红色的苞片包围。

应用地域 原产于热带美洲的墨西哥至巴西一带。我国华南地区有种植。

园林应用 有较好的耐阴性，适合庭园、花坛布置，也适合家庭、宾馆和橱窗摆饰。修剪后可作地被。

相关品种 相近的种类如金脉单药花 *Aphelandra squarrosa* 'Dania'， 单药花 *Aphelandra squarrosa*，中脉和侧脉淡黄色，银脉单药花 *A. spuarrosa* 'Looisae' 中脉侧脉银白色。 对比明显。

金脉爵床

金脉爵床

银脉单药花 Louisae

嫣红蔓
Hypoestes phyllostachya

俗名	科属名称
粉露草、烟红蔓、红点草、红点鲫鱼胆、小雨点、鹃泪草	爵床科枪刀药属

形态特征 常绿多年生草本；株高可达 30~60 cm，但盆栽种多控制在 10~15 cm 以内，冠幅 15~20 cm，质地较细腻。枝条生长后略呈蔓性，茎节处易生根。叶对生，呈卵形或长卵形叶全缘，叶面呈橄榄绿，上面布满红色、粉红色或白色斑点。叶腋易生短枝。春季能开花，花小，不显眼，为淡紫色小型穗状花。

应用地域 原产于马达加斯加。我国亚热带地区应用，南亚热带露地栽培。

园林应用 喜温暖湿润及半阴的环境。叶片色彩缤纷，通常以观叶为主，常作花坛及地被栽培。

相关品种 有红点草 'Pink Cushion '，粉霜 'Splash Pink'、红霜 'Splash Red'、玫瑰红霜 'Splash Rose' 及白霜 'Splash White' 等多个品种，风格优雅，极有特色。

红点草

白霜

红霜

白霜

灰姑娘半桂花
Hemigraphis altanata

俗名
假紫苏

科属名称
爵床科半柱花属

形态特征 多年生常绿草本，株高 15~30 cm，匍匐性。叶对生，卵形或长卵形，锯齿缘，长 8~12 cm，宽 4~6 cm，厚纸质，有光泽，叶面绿色，栽培品种叶前半部分紫色，后半部分具蓝荧光。顶生穗状花序。

应用地域 热带亚洲地区分布。我国热带、亚热带地区园林少量应用，北方可温室应用。

园林应用 可作地被，花坛花镜配置，也可点缀庭院。

相关品种 银叶半柱花 *Hemigraphis alternata*，叶面银白色；皱叶半柱花 *Hemigraphis alternata* 'Metallica Crispa'，紫背半柱花 *Hemigraphis repanda*，叶面绿色，叶背紫色。

灰姑娘半柱花

银叶半柱花

皱叶半柱花

紫背半柱花

锦芦莉

Ruellia devosiana (Ruellia makoyana)

科属名称
爵床科芦莉属

形态特征 多年生亚灌木，植株高及冠幅 20~45 cm，丛生。枝条紫色。叶宽披针形，暗绿色，叶脉色浅，叶面显示花叶现象，叶背紫色。花喇叭状，白色，有紫色斑点，春、夏季开花。

应用地域 起源于热带地区，我国热带和南亚热带园林中应用。

园林应用 可做地被、花坛花镜，也可点缀庭院及盆栽。

相关品种 无。

锦芦莉

锦芦莉

观赏辣椒

Capsicum annuum

俗名	科属名称
辣椒	茄科辣椒属

形态特征 系辣椒品种中果实、形态、色彩比较特别的类型，一年生或多年生草本（在热带地区），根系发达，茎直立，茎部木质化，分枝能力强，高 0.5~1.5 m，冠幅 0.5~1.0 m。单叶互生，全缘，卵圆形，叶色多样。花小，花色多样，有白色、绿白色、浅紫色和紫色。果色多样，有红、黄、紫、橙、黑、白、绿色等类型。花、果期长，5~12 月，不同地区不一样。

应用地域 我国各地在适宜季节均可栽培应用。

园林应用 主要作地被、花坛花镜，也可点缀庭院。盆栽观赏效果也好。

相关品种 品种较多。

观赏辣椒 'Hot Purple'

观赏辣椒

观赏辣椒 'Purple Flash'

彩叶番薯
Ipomoea batatas

俗名
甘薯

科属名称
旋花科番薯属

形态特征 多年生蔓性草本，具有膨大块根。茎匍匐或悬垂生长，茎、叶具乳汁，茎蔓长可达 2~4 m。叶为不规则心形或缺裂，长 8~12 cm，宽 8~10 cm，叶面有绿色、紫红、乳白斑纹，有长叶柄。花紫色或白色，喇叭状。蒴果。

应用地域 原产于热带美洲。我国现已广泛栽培，块根、茎、叶可食用。

园林应用 良好的地被观叶植物，可营造田园景观。还可作垂直绿化，也适合盆栽、吊盆。庭院布置效果也好。花坛花境也有应用。

相关品种 彩叶品种较多，主要有：矮玛格丽特 'Dwarf marguerite'，叶鲜黄色；'Ilusion midnight Lace'，叶紫色，五指裂；'Sweet Carolin Green Yellow' 叶绿色具有斑纹；'Sweet Carolin Bronze' 叶掌裂，黄褐色。

彩叶番薯

彩叶番薯

彩叶番薯

'Dwaf Marguerile'

彩叶番薯

'Ilusion Midnight Lace'

彩叶番薯

彩叶番薯

'Sweet Caroline Bronze'

'Sweet Caroline Green Yellow'

Coca-Cola
enjoy
ice cold

银瀑马蹄金

Dichondra argentea 'Silver Falls'

科属名称
旋花科马蹄金属

形态特征 多年生匍匐小草本，茎细长，密被白色棉毛，节上生根。叶肾形至圆形，直径 1.5~2 cm，先端宽圆形，基部阔心形，叶面微被毛，背面被贴生短柔毛，全缘或波浪状，幼叶毛密，成熟叶变稀疏；具短叶柄。花单生叶腋，花冠钟状，黄色，深 5 裂。

应用地域 原产于欧洲。世界温带、亚热带地区有应用。

园林应用 可作地被、花镜的镶边，也可悬挂种植于庭院及垂直绿化。

相关品种 无。

银瀑马蹄金

LINNEAN

银叶菊

Senecio cineraria

俗名：雪叶菊

科属名称：菊科千里光属

形态特征 多年生草本植物，全株具白色绒毛，高 10~20 cm，宽 2~3 cm。植株多分枝；成叶匙形或羽状裂叶，正反面均被银白色柔毛，叶片质较薄。头状花序单生枝顶，花小，黄色，花期 6~9 月。

应用地域 原产于南欧，较耐寒。我国各地都有应用，在长江流域能露地越冬。

园林应用 良好的观叶植物，在园林中应用广泛。可用于花坛花境，亦可片植为地被、点缀庭院，还可盆栽。

相关品种 有银粉银叶菊（雪叶菊 *Senecio cineraria* 'Silver Dust'），叶矩圆形，基部羽状裂。

雪叶菊（银粉银叶菊）

银叶菊

银叶菊

花叶老鸦嘴
Thunbergia laurifolia 'Variegata'

科属名称
爵床科山牵牛属

形态特征 高大藤本，枝叶无毛。茎枝近 4 棱形，具沟状凸起。叶具叶柄，叶片具有乳黄色斑块，叶片卵状长圆形至长圆状披针形，长 7~18 cm，宽 3~8 cm，基部戟形，边缘全缘或具不规则波状齿，近革质，掌状脉。总状花序顶生或腋生，花梗长达 2 cm；花萼管粉色；花冠管和喉白色，冠檐淡蓝色，花冠管长 7 mm，喉长 25 mm，冠檐裂片圆形，径 20 mm。花期 2~5 月。

应用地域 栽培品种，适宜于我国热带地区园林栽培应用，应用较少。在南亚地区应用多。

园林应用 长势茂盛，叶片具有乳黄色斑块，观赏效果好。花色特别，花叶相衬，十分美观。作为花架绿化，观赏效果甚佳。

相关品种 无。

第二节 单子叶植物

红叶芭蕉

Musa acuminata 'Zebrina'

科属名称

芭蕉科芭蕉属

形态特征 常绿大型多年生草木，常丛生。假茎高达 2~3 m，不分枝，冠幅 3~4 m。叶大，长 1~2 m，宽约 40 cm，呈长椭圆形，有粗大的主脉，两侧具有平行脉，叶表面绿色具有横向紫色斑块，叶背紫色。穗状花序大，由假杆顶端抽出，花多数，淡黄色。果序弯垂。

应用地域 多产于热带、亚热带地区。我国北方夏季可布置于露地造景，冬季在温室保护栽培。

园林应用 常作庭院和其他绿地布置。

相关品种 花叶芭蕉 *Musa* sp. 叶片同样具有紫红色斑块，但植株和叶片均小于红叶芭蕉。

花叶芭蕉

吊兰

Chlorophytum comosum

俗名	科属名称
挂兰	百合科吊兰属

形态特征 多年生常绿草本植物；株型较小，有匍匐横走茎，顶端形成植株。株高 25~30 cm，冠幅 20~25 cm；群体质地较粗糙。茎短叶密，丛生状。叶狭条带形至线状披针形，常色叶，叶色因品种而异，黄白色，略有光泽。花葶自叶腋间抽生而出，长 30~60 cm，常长成匍匐枝状，先端长出小叶丛，小花数朵簇生在花葶节部，排列疏散。花期 3~6 月。

应用地域 原产于南非。应用于我国南北，俄罗斯、朝鲜、日本、印度、越南及澳大利亚均有栽培。

园林应用 叶型美丽清秀，花葶低垂姿态优美，其纤细长茎低垂，给人轻盈飘逸之感。耐荫，可室内、林下配置，作地被、花坛花镜、庭院布置。

相关品种 银边吊兰 'Variegatum' 叶边缘白色；斑叶吊兰 'Vittatum' 叶中间白色，边缘绿色；金边吊兰 ' Marginate' 叶边缘黄色；金心吊兰 'Medio-pictum' 叶中间黄色，边缘绿色。相近种还有宽叶吊兰 *Chlorophytum capcnsc*、白纹草 *Chlorophytum bichetii*。

白纹草

银吊兰

吊兰

吊兰

银边吊兰

金边阔叶麦冬

Liriope muscari 'Variegata'

俗名
矮百合

科属名称
百合科山麦冬属

形态特征 常绿多年生草本，植株高约 30 cm，冠幅 20 cm。根细长，分枝多，有时局部膨大成纺锤形小肉块根，有匍匐茎。叶丛生，宽线形，革质，叶片边缘为金黄色，边缘内侧为银白色与翠绿色相间的竖向条纹，基生密集成丛。花茎高出于叶丛，花红紫色，4~5 朵簇生于苞腋，排列成细长的总状花序。种子球形，初期绿色，成熟时紫黑色。

应用地域 在我国长江流域及以北地区可广泛应用栽培。

园林应用 常绿，耐寒，耐旱，既可观叶，也能观花，既能地栽，也可上盆的新优彩叶类地被植物，可布置于林缘、草坪、花坛花镜，也可点缀庭院。

相关品种 无。

金边阔叶麦冬

金边阔叶麦冬

金丝沿阶草

Ophiopogon jaburan 'Vittatus'

俗名
假金丝马尾、假银丝马尾

科属名称
百合科沿阶草属

形态特征 常绿多年生草本；株型较小，丛生状；株高 20~30 cm，冠幅 20 cm；整体质地较粗糙。茎短。叶丛生；叶线条形，长 30~40 cm，边缘乳白色、黄色，中间有同色细纵纹，整体叶色乳白。总状花序，高不出叶丛，花期春、夏季。

应用地域 原产于亚洲东南部。广泛应用于热带和亚热带地区。

园林应用 地被、花坛花镜、庭院布置。

相关品种 国内称为假金丝马尾 'Aureus-Vittatus'、假银丝马尾 'Argenteus-Vittatus' 都是本品种 'Vittatus' 的异名。

金丝沿阶草

沿阶草

沿阶草

山菅兰

Dianella ensifolia

俗名	科属名称
桔梗兰、竹叶兰	百合科山菅兰属

形态特征 多年生常绿草本。茎粗壮，株高 40~50 cm，冠幅 30~40 cm，群体质地粗糙。叶丛生，狭条形，2 列，长 30~60 cm，宽 1~2.6 cm，基部收梗成鞘。顶生圆锥花序长 10~40 cm，分枝疏散；浆果近球形，深蓝色，直径约 6 mm。花期春、秋季。

应用地域 热带、亚热带地区可以园林应用。

园林应用 色彩以白色为主，阳性，可耐荫。常作地被、花坛花镜、庭院布置。

相关品种 银边山菅兰 'Silvery Stripe'，叶具白色边；金道山菅兰 'Yellow Stripe' 叶面具金黄色条纹。

山菅兰

金道山菅兰

银边山菅兰

山菅兰

玉簪

Hosta spp.

科属名称
百合科玉簪属

形态特征 种类多、品种丰富。宿根草本。株高 30~50 cm，冠幅 20~30 cm。叶基生成丛，卵形至心状卵形，基部心形，叶脉呈弧状，叶面有的具有白色或黄色斑块，有的具有白色或黄色的叶边或叶心等各种花叶现象。总状花序顶生，高于叶丛，管状漏斗形，浓香。同属花有白色、淡紫、堇紫色花等。花期 6~8 月。

应用地域 原产于我国及日本。温带和北亚热带广泛应用于园林中的植物造景。

园林应用 较好的阴生植物，在园林中可用于树下作地被植物，或植于岩石园或建筑物北侧，也可盆栽观赏。也可布置花坛花镜和点缀庭院。

相关品种 花叶品种很多，园林中广泛应用。

Frances Williams

Janet

King Tut

On the Border

Pizazz

Zounza1

粉菠萝
Aechmea fasciata

俗名：美叶光萼荷、蜻蜓凤梨、斑马凤梨

科属名称：凤梨科光萼荷属

形态特征 附生草本。植株高可达 60 cm，茎极短，有萌芽株。叶莲座状基生，基部交叠卷成筒状；叶片宽带状，两面具白粉，有银白色横纹，边缘有细锯齿。花葶从叶丛中抽出，具粉红色苞片，上有红、蓝两色小花。

应用地域 起源于热带。适宜我国华南地区种植。

园林应用 我国华南地区可作花坛边缘或林下片植，或配置山石旁、窗前、角隅，北方盆栽作室内观赏。

相关品种 变种斑叶粉菠萝 var.*variegata*；相近种美叶光萼荷 *A. chantinii*；虎纹莺歌 *Vriesea splendens*。

粉菠萝

粉菠萝

虎纹莺歌

粉菠萝

美叶光萼荷

松萝铁兰

Tillandsia usuneoides

俗名
松萝凤梨，老人须、气生凤梨

科属名称
凤梨科铁兰属

形态特征 草本植物，植株下垂生长，茎长，纤细，植株长可以达到 1~1.5 m。叶片互生，半圆形，长 3~4 cm，密被银灰色鳞片；小花腋生，黄绿色，花萼紫色，小苞片褐色，花芳香。直接生长于空气之中，无须任何土壤等培养基质的气生类植物，这也构成了它的最大观赏特色。

应用地域 原产于美国南部、阿根廷中部，中、南美洲广布。我国近年在各地有应用。

园林应用 日常养护十分方便、简单，间隔数日向其喷水及保持适当的空气湿度即可。可生长于户外，亦可以悬挂于办公室等室内环境下作垂直绿化。

相关品种 气生凤梨等。

气生凤梨

松萝凤梨

松萝铁兰

松萝铁兰

松萝铁兰

松萝铁兰

艳凤梨
Ananas comosus

俗名
彩叶菠萝

科属名称
凤梨科凤梨属

形态特征 多年生地生性草本，株高可达 120 cm，冠幅 60~80 cm，质地粗糙。叶莲座状着生，叶片长 60~90 cm，厚而硬，两侧近叶缘有红或黄色宽带。花葶生于叶丛中，呈稠密球状花序，小花紫红色，结果后顶部冠有叶丛。

应用地域 原产于南美热带，现热带广泛栽培。喜热不耐寒，15℃以下生长停止，5℃以下易受寒害。喜散射光或半遮阴条件，也稍耐日晒。

园林应用 株型粗犷而带飘逸，适应性强，叶果兼美，可常年观赏。我国华南地区可作花坛边缘或林下片植，或配置山石旁、窗前、角隅，北方盆栽作室内观赏。

相关品种 金边艳凤梨 'Striatus'，艳凤梨 'Variegatus'。

艳凤梨

金边艳凤梨

艳凤梨

金边艳凤梨

金边艳凤梨

花叶钝叶草

Stenotaphrum secundatum 'Variegatum'

科属名称
禾本科钝叶草属

形态特征 多年生草本。 秆下部匍匐，于节处生根，向上抽出高 10~40 cm 的直立花枝。叶鞘压扁而于背部具脊，叶片带状，长 5~17 cm，宽 5~11 mm，顶端微钝，具短尖头，基部截平或近圆。花序主轴扁平呈叶状，具翼，长 10~15 cm。花、果期秋季。

应用地域 原产于美洲热带地区。我国南方园林中偶有应用。

园林应用 地被、花坛花镜和庭院布置。

相关品种 无。

花叶钝叶草

红茅草

Imperata cylindrica'Rubra'

俗名
血草

科属名称
禾本科白茅属

形态特征 多年生草本，株高 50 cm。叶丛生，剑形，叶上部常保持深血红色。圆锥花序，小穗银白色，花期夏末。喜光或有斑驳光照处。耐热，喜湿润而排水良好的土壤。优良的彩叶观赏草。冬季休眠。

应用地域 由日本引入，俗称“日本血草”。在亚洲、美洲等亚热带地区有利用。

园林应用 可做地被、花坛花镜和庭院布置。

相关品种 无。

红茅草

红茅草

红茅草

花叶芦竹

Arundo donax var. *versicolor*

俗名
斑叶芦竹，彩叶芦竹

科属名称
禾本科芦竹属

形态特征 多年生宿根草本植物。地上茎挺直，有间节，似竹，秆高 1~3 m，茎部粗壮近木质化，冠幅 1~2 m。叶互生，排成两列，弯垂，具白色条纹，春节幼叶白色更加鲜明。叶宽 1~3.5 cm。圆锥花序长 10~40 cm，小穗通常含 4~7 个小花。

应用地域 原产于地中海一带。我国已广泛种植于旱地或水体、湿地。

园林应用 成丛布置与水体或庭院布置。

相关品种 无。

花叶芦竹

花叶芦竹

蓝羊茅

Festuca glauca

俗名	科属名称
银羊茅	禾本科羊茅属

形态特征 常绿草本，冷季型。秆密丛生，直立平滑，株高 40 cm 左右，直径 40 cm 左右。叶片强内卷几成针状或毛发状，蓝绿色，具银白霜。圆锥花序常侧向一边。开花期 5 月。 最佳观赏期 4~6 月和 9~11 月。

应用地域 从欧美地区引进。我国长江流域应用较多。

园林应用 花坛花境配色、镶边。也做地被和庭院布置。

相关品种 ‘埃丽’蓝羊茅 'ElijahBlue' 颜色最蓝，具有柔软的针状叶子，夏季为银蓝色。有多个品种。

蓝羊茅

蓝羊茅

紫狼尾草

Pennisetum purpureum

科属名称

禾本科狼尾草属

形态特征 多年生草本。株型高大直立，丛生；株高 1.5~2.0 m，冠幅 1~1.5 m，质地粗糙，茎紫色。叶长 50~80 cm，宽 2~3 cm；叶色紫黑色，幼叶颜色更深，成熟叶变淡。

应用地域 热带、亚热带地区均可栽培，热带地区冬季可不枯。

园林应用 花坛花镜、绿篱、庭院布置。可单丛配置，也可列植、片植。

相关品种 公主紫狼尾草 'Princess'，叶色紫黑色。

公主紫狼尾草

公主紫狼尾草

紫狼尾草

TOWER GROVE

五节芒

Miscanthus sinensis

俗名	科属名称
芒草	禾本科芒属

形态特征 多年生草本；株型丛生，高大；株高 1.5~2.0 m，冠幅 0.8~1.2 m；群体质地粗糙。叶长线性，1~1.5 m，宽 1~2 cm；叶具白边或黄色横斑、纵条纹，群体颜色白色。花序大，有的紫色，有的白色，花期秋季。

应用地域 温带到亚热带地区常见应用。

园林应用 花坛花镜、绿篱、庭院布置。

相关品种 花叶五节芒 Variegatus、横斑五节芒 Zebrinus、中斑五节芒 Cabaret、银芦 *Cortaderia selloana*'Sunningdale Silver'。

中斑五节芒 Cabaret

横斑 Zebrinus

花叶五节芒

银芦 *Cortaderia selloana*'Sunningdale Silver'

花叶燕麦草

Arrhenatherum elatius 'Variegatum'

科属名称

禾本科燕麦草属

形态特征 多年生常绿宿根草本，须根发达，茎簇生，全株高度在 25 cm 左右，株丛高度一致。叶线形，叶宽 1 cm、长 10~15 cm，叶片中肋绿色，两侧呈乳黄色，夏季两侧由乳黄色转为黄色。圆锥花序狭长，不结实。

应用地域 色彩清洁明快，特别是在冬季，万物沉睡，绿叶凋零，而花叶燕麦草却生机盎然。

园林应用 地被、花坛花镜、庭院布置。

相关品种 无。

花叶虉草

Phalaris arundinacea 'Variegata'

俗名	科属名称
草芦、马羊草	禾本科虉草属

形态特征 多年生草本，有根茎。秆通常单生或少数生，高 60~140 cm，有 6~8 节，植株密集。叶鞘无毛，下部者长于节间，而上部者短于节间；叶舌薄膜质，叶片扁平，幼嫩叶主脉两侧乳白色，长 6~30 cm、宽 1~1.8 cm。圆锥花序紧密狭窄，长 8~15 cm，分枝上举，密生小穗。

应用地域 分布于我国东北、西北、华东和湖南、四川等地，全国各地均有应用。

园林应用 主要用于水体边缘、湿地绿化，可作地被、丛植。景观效果良好。

相关品种 无。

花叶虉草

花叶虉草

花叶虉草

观赏谷子

Pennistetum glaucum

俗名	科属名称
紫御谷	禾本科狗尾草属

形态特征 一年生草本植物，株高可达 3 m，冠幅 40~50 cm，群体质地粗糙。叶片宽条形，叶暗绿色并带紫色。圆锥花序紧密呈柱状，主轴硬直，高 50~100 cm。花期 8~12 月。

应用地域 一年生植物，不同季节在绝大多数地区均可园林应用。

园林应用 花坛花境、组合盆栽、庭院布置。

相关品种 主要品种有：紫威 'Purple Majesty'、紫爵 'Purple Baron'。

观赏谷子

观赏谷子

花叶闭鞘姜

Costus speciosus 'Variegata'

科属名称
姜科闭鞘姜属

形态特征 多年生宿根草本植物。株高 1~3 m，灌木状，茎杆基部近木质，不分枝，顶部常分枝，枝茎旋卷。叶片圆形或披针形，长 10~15 cm，宽 6~10 cm，边缘白色。穗状花序顶生，椭圆形或卵形，长 5~15 cm；苞片卵形，革质，红色，长 2 cm，花冠裂片长圆状椭圆形，长约 5 cm，白色或顶部红色；唇瓣宽喇叭形，纯白色，长 6.5~9 cm。花期 7~10 月；果期 11 月。

应用地域 原产地为热带亚洲。我国台湾、华南、西南等地有栽培应用。

园林应用 单株或多株丛植庭院小区、公园、花坛等布置。

相关品种 无。

花叶闭鞘姜

花叶闭鞘姜

花叶艳山姜

Alpinia zerumbet 'Variegata'

俗名

花叶良姜

科属名称

姜科山姜属

形态特征 多年生常绿草本，丛生。株高 1~2 m，冠幅 1.5~2 m，整体质地粗糙；根状茎横生，肉质，地上茎丛生，圆柱形或稍扁，株形大。叶具鞘，长椭圆形，两端渐尖，长约 50 cm，宽 15~20 cm。叶面具黄色条纹，有光泽。圆锥花序下垂，长达 30 cm；苞片白色，边缘黄色，顶端及基部粉红色。花期夏季。

应用地域 分布于我国东南部至西南部，亚洲热带其他地区也有分布。花叶艳山姜华中以南地区广泛应用

园林应用 地被、花坛花镜、庭院布置。

相关品种 无。

花叶艳山姜

花叶艳山姜

虎尾兰

Sansevieria trifasciata

俗名
虎皮兰、千岁兰、虎尾掌

科属名称
龙舌兰科虎尾兰属

形态特征 常绿肉质多年生草本。株型挺拔，叶片上指，稍开张，群体质地很粗糙。株高 20~50 cm，冠幅 15~40 cm。茎肉质，缩短。叶丛生，密集，基部卷成筒状，直立生长，呈长剑形；叶色暗绿色，两面有浅绿色和深绿相间的横向斑带，稍被白粉。总状花序，花白色至淡绿色。

应用地域 原产于干旱的非洲及亚洲南部。现广泛栽培。

园林应用 地被、花坛花镜、庭院布置。

相关品种 金边虎尾兰 'Lanrentii'、短叶虎尾兰 'Hahnii'、银边短叶虎尾兰 'Silver'、金边短叶虎尾兰 'Golden Hahnii'、银纹虎尾兰 'Argentea-striata'。

短叶虎尾兰

红边虎尾兰

金边虎尾兰

虎尾兰

龙舌兰类

Agave spp.

科属名称

龙舌兰科龙舌兰属

形态特征 多年生常绿大型草本植物，有短茎。叶丛生状，叶肉质而旋叠于茎基，边缘和尖端常有褐色利刺，叶色以灰绿色为主，有花叶品种；十年或十余年才抽出高大的花茎（高达 5 m 以上），顶生多数花朵，等到果成熟后全株植物枯死。

应用地域 原产于墨西哥等美洲地区。我国华南、西南亚热带地区广为栽培。

园林应用 庭院布置和绿地点缀。

相关品种 狭叶龙舌兰 *A. angustifolia*，银边狭叶龙舌兰 *A. angustifolia* 'Marginata'；剑麻 *A. sisalana*；雷神 *A. potatorum* var. *verschaffeltii*，龙舌兰 *A. americana*；银心龙舌兰 *Agave americana* 'Medio-picta'，叶中心银白色，两侧近蓝绿色；金边龙舌兰 *Agave amevicana* 'Marginata' 叶缘有金黄色宽边；白丝龙舌兰 *Agave schidigera* 叶面具白色条纹；锦叶龙舌兰 *Agave victoriac-rcginac* 叶面具不规则白纹，狐尾龙舌兰 *A. attcnuata*。

狐尾龙舌兰

雷神

龙舌兰类

龙舌兰类

金边龙舌兰

龙舌兰

龙舌兰

银边狭叶龙舌兰

万年麻

Furcraea gigantean(foetida)

俗名	科属名称
万年兰	龙舌兰科万年兰属

形态特征 多年生常绿草本植物，株高可达 1 m，茎不明显，冠幅 1~2 m，质地粗糙。叶大型，肉质，呈放射状生长，剑形，叶缘有刺，波状弯曲，具光泽。花叶品种叶面具各种色彩和斑纹，叶色优雅、美观。

应用地域 原产于美洲热带和非洲。我国南亚热带、热带地区露地应用。

园林应用 配置花坛花镜和点缀庭院布置。

相关品种 中斑万年麻 *Furcraea gigantean* (*foetida*) 'Mediopicta'，叶面中央乳白色；金边万年麻 *F. selloa* 'Variegata', 叶边金黄色，黄纹万年麻 *F. gigantea* 'Striata'，叶面有乳黄色和淡绿色纵纹，叶片终年不凋萎。

黄纹万年麻

中斑万年麻

金边万年麻

黄纹万年麻

金边矮露兜

Pandanus pygmaeus 'Golden Pygmy'

科属名称
露兜科露兜属

形态特征 多年的草本植物，植株高 30~60 cm，冠幅 20~30 cm，茎多分枝。叶片密集着生枝顶，带形，长 30~60 cm，宽 0.5~0.8 mm，边缘疏具倒锯齿，叶质地厚，挺立，叶色绿色有金边。

应用地域 热带亚热带南部地区近年应用。

园林应用 可以做地被、花坛花镜的镶边以及庭院绿地点缀。

相关品种 无。

金边矮露兜

金边矮露兜

芭蕉芋

Canna edulis

俗名：旱藕、蕉藕、姜芋

科属名称：美人蕉科美人蕉属

形态特征 多年生常绿球根花卉，植株高 1~1.5 m，冠幅 1~1.5 m，质地粗糙。地下具有根状茎。叶片大型，长 40~50 cm，宽 15~25 cm，绿色，边缘部分淡的紫红色。总状花序，颜色分红色和黄色两种。果实为蒴果。

应用地域 原产于印度尼西亚的爪哇岛，20 世纪 30 年代传入我国。现在热带、亚热带广泛栽培，园林中偶有应用。

园林应用 地被、花坛花镜以及庭院布置。生命力强，比较粗放。

相关品种 无。

大花美人蕉

Canna generalis

俗名：兰蕉、红艳蕉

科属名称：美人蕉科美人蕉

形态特征 多年生球根类花卉，为多种源杂交的栽培种。地下具肥壮多节的根状茎，地上假茎直立无分枝，株高 1~1.5 m。叶大型，互生，呈长椭圆形，长 40~50 cm，宽 15~20 cm，花叶品种有各种色彩。顶生总状花序，常数朵至十数朵簇生在一起。蒴果椭圆形，外被软刺。花期 6~10 月。

应用地域 原产于美洲热带。我国各地有栽培应用。

园林应用 地被、花坛花镜、庭院布置。

相关品种 金脉大花美人蕉 *Canna generalis* 'Striatus' 沿叶脉方向有金黄色条纹，叶淡黄；紫叶大花美人蕉；斑叶美人蕉 *Canna indica* 'Variegata'，叶片褐红色。

C. 'Australia'

金线美人蕉

C. 'Pink Sunburst'

紫叶大花美人蕉

C. 'Australia'

C. 'Stuttgart'

C. 'Pink Sunburst'

文殊兰
Crinum asiaticum

俗名 十八学士、白花石蒜

科属名称 石蒜科文殊兰属

形态特征 多年生粗壮草本，鳞茎球形，植株高 1 m 左右，冠幅 1~1.2 m。叶 20~30 片，叶片宽大肥厚，带状，长 0.9~1.2 m，边缘波状，淡绿色，彩叶品种叶有白色和黄色。花葶直立，花 10~20 朵组成伞形花序，傍晚时发出芳香。花被裂片白色，线形，雄蕊淡红色，花药线形，顶端渐尖，子房纺锤形。果近球形，直径 3~5 cm。盛花期在 7 月。

应用地域 原产于印度尼西亚、苏门答腊等。我国南方热带和亚热带省区有栽培。

园林应用 园林景区、校园、机关的绿地、住宅小区草坪的点缀，又可作庭院装饰花卉，还可作地被；盆栽造景于会议厅、宾馆、宴会厅门口等处。

相关品种 白线文殊兰 *Crinum asiaticum* 'Silver Stripe'；金叶文殊兰 *Crinum asiaticum* 'Golden Leaves'，新叶翠绿色，老叶金黄色，色泽明艳。

金叶文殊兰

斑叶文殊兰

白线文殊兰

KUROYA

花叶蜘蛛兰

Hymenocallis littoralis 'Variegata'

俗名	科属名称
花叶水鬼蕉	石蒜科蟹蟹花属

形态特征 多年生草本，植株高 50~70 cm，地下鳞茎球形而粗大，外被褐色薄片。叶丛生，剑形，长 70~80 cm，宽 3~4 cm，向四面生长且略弯曲，具有白色或黄色叶边。夏季开花，由基部抽出扁圆形的花轴，花白色星形，每花有 6 枚细长的花被，花被基部有白色蹼状物连结。

应用地域 原产于美洲，大多分布于东南亚和大洋洲。我国华南地区广泛使用。

园林应用 有一定的耐荫性，常作地被、配置花坛花镜和点缀庭院布置。

相关品种 无。

花叶蜘蛛兰

花叶蜘蛛兰

色叶类睡莲
Nymphaea spp.

科属名称
睡莲科睡莲属

形态特征 多年生水生花卉，根状茎粗短。叶丛生，具细长叶柄，浮于水面，低质或近革质，近圆形或卵状椭圆形，叶色因品种而异，主要有紫色、红色等。花单生于花柄顶端。萼片 4 枚，宽披针形或窄卵形，雄蕊多数，雌蕊的柱头具 6~8 个辐射状裂片。聚合果球形，内含多数椭圆形黑色小坚果。花期为 5 月中旬至 9 月；果期 7~10 月。

应用地域 我国各地均有园林水景应用，南亚热带以南露地越冬，北方冬季要有保护措施。

园林应用 在小型水体中应用，或孤植或群植效果良好。

相关品种 花叶睡莲 *Nymphaea tetragona* 'Arcen Ciel'，因叶片多色而得名，其叶片上有玫瑰红、紫红、纯白和古铜色等斑纹，色彩艳丽；*Nymphaea* 'Jennifer Rebecca'，叶暗红色；*Nymphaea* 'Bagdad'，叶面具密集的紫色条纹；*Nymphaea* 'H. C. Haarstick'，叶片深红色。

Albert Greenbarg

Bagdad

Barbara Barnette

Jennifer Rebecca

Charlse Thomosn

Madame Ganna Walska

Mr. Martin E. Randig

H. C. Haarstick

合果芋
Syngonium podophyllum

俗名
白蝴蝶

科属名称
天南星科合果芋属

形态特征 多年生常绿草本植物，蔓生性较强，节部常生有气生根。叶片呈两型性，幼叶为单叶，箭形或戟形；老叶成 5~9 裂的掌状叶，中间一片叶大型，叶基裂片两侧常着生小型耳状叶片，叶脉及其周围呈黄白色。

应用地域 原产于中美洲及南美洲的热带雨林，半荫的环境。我国各地有栽培。

园林应用 可在半荫或阴生环境做地被、花坛花镜。室内造景用途广而多。

相关品种 白纹合果芋 'Albolineatum' 叶脉均为白色；白叶合果芋 'Silky' ；翠叶合果芋 'Variegatum' 叶面具大块白斑；粉蝶合果芋 'Pink Butterfly' 粉红色；黄纹合果芋 'Atrovirens' 黄色微带黄色 ，叶脉均为淡黄色； 锦叶合果芋 'Pinky' 粉红色，叶脉均为红色；爱玉合果芋 'Gold Allusion' 主脉和侧脉为红色；白蝶合果芋 'White Butterfly' 。

爱玉合果芋

粉蝶合果芋

合果芋

白蝶合果芋

花叶石菖蒲

Acorus tatarinowii 'Variegata'

俗名	科属名称
金叶石菖蒲	天南星科菖蒲属

形态特征 多年生常绿草本植物，株高 30~40 cm，冠幅 15~20 cm，全株具香气。硬质的根状茎横走，多分枝。叶剑状条形，两列状密生于短茎上，长 20~30 cm，宽 0.6~0.8 cm，全缘，先端惭尖，有光泽，中脉不明显。4~5 月开花，花茎叶状，扁三棱形，肉穗花序，花小而密生，花绿色，无观赏价值。浆果肉质，倒卵圆形。

应用地域 分布于亚洲。我国热带、亚热带地区均可应用。

园林应用 可做地被、花坛花镜的镶边，也可布置在水边或湿地。

相关品种 花叶菖蒲 *Acorus calamus* 'Variegata'，叶具白边。

花叶菖蒲

花叶菖蒲

花叶石菖蒲

花叶石菖蒲

千年芋
Xanthosoma atrovirens

科属名称
天南星科

形态特征 多年生草本，有块茎，高 1.5~2.0 m。叶卵形，全缘，基部心形或箭形，每株 5~10 片叶，叶大，长 1~1.5 m，宽 1~1.5 m，叶柄长，粗壮，肉质。花序与叶同时发生，具有短花序梗；佛焰苞筒状，基部膨大，单性花。

应用地域 起源于热带美洲，现在热带地区园林中应用

园林应用 常点缀庭院，也可盆栽布置。

相关品种 大乳斑千年芋 *Xanthosoma atrovirens* 'Variegatum Monstrosum'，叶面具乳白色或粉红色的斑块；金叶千年芋；斑叶海芋 *Alocasia macrorrhiza* 'Variegata'， 不规则乳白，淡绿斑块；金海芋 *Alocasia macrorrhiza* 'Gold'。紫芋 *Colocasia tonoimo*，叶柄紫黑色。

花叶海芋

花叶海芋

金海芋

金海芋

金海芋

金叶千年芋

紫芋

紫芋

大乳斑千年芋

金叶千年芋

花叶万年青
Dieffenbachia picta

俗名
黛粉叶

科属名称
天南星科花叶万年青属

形态特征 常绿多年生草本植物，茎高 1 m，粗 1.5~2.5 cm，冠幅 0.8~1.0 m；下部的叶柄具长鞘；叶片长圆形、长圆状椭圆形或长圆状披针形，长 15~30 cm，宽 7~12 cm，基部圆形或锐尖，先端稍狭具锐尖头，二面暗绿色，具光泽，脉间有许多大小不同的长圆形或线状长圆形白色或黄绿色斑块不整齐。花序柄短。肉穗花序。佛焰苞长圆披针形，狭长，骤尖。

应用地域 主要分布于热带美洲。全世界广泛栽培，我国南方露地造景，北方盆栽观赏或造景。

园林应用 可作花坛花镜和庭院布置，耐荫性强，是林下植物景观和室内植物景观的重要材料。

相关品种 品种繁多。园林中常用的有玛丽安花叶万年青 *D.*'Marianne'、斑马花叶万年青 *D. amoena*。

斑马花叶万年青

丽安花叶万年青

花叶芋

Caladium hortulanum

俗名：彩叶芋

科属名称：天南星科花叶芋属

形态特征 多年生冬枯草本。具块茎，株高 15~40 cm，叶片丛生，长 8~20 cm，宽 5~10 cm，叶面有红色、白色或黄色灯各种透明或不透明的斑点；主脉三叉状，侧脉网状；叶柄纤细，圆柱形，基部扩展成鞘状。佛焰状花序基出，花序柄长 10~13 cm；佛焰苞下部管状，长约 3 cm，外面绿色，内面绿白色、基部青紫色。花期 4~5 月。

应用地域 原产于南美热带地区，现我国各地均有应用。

园林应用 可作地被、花坛花镜，也可庭院布置。盆栽观赏价值也高。

相关品种 花色、品种繁多。

花叶芋

花叶芋

白雪花叶芋 'Candidum'

Friend Hemple

Galaxy

Galaxy

花叶芋

花叶芋

Kathleen

Lucky Purpurle

Ma Had Thai

Mis Muffet

Mount Everst

Mount Everst

Shining Red

Thai Beuaty

花叶芋

花叶芋

White Queen

亮丝草类

Aglaonema spp.

俗名	科属名称
粗肋草	天南星科广东万年青属

形态特征 多年生常绿草本花卉，植株高 0.5~0.65 m，冠幅 30~50 cm。叶较大，披针形，长 30~40 cm，宽 15~25 cm，深绿色，有灰绿色斑纹。佛焰苞花序。浆果橙红色。

应用地域 原产于马来西亚、菲律宾至印度。我国南方热带、南亚热带地区园林应用，各地有栽培观赏。

园林应用 可作阴生环境的地被、花坛花镜，也可庭院点缀。

相关品种 品种繁多。银后亮丝草 *Aglaonema* 'Silver Queen'；银王亮丝草 *Aglaonema* 'Silver King'；中银亮丝草 *Aglaonema* 'Pattaya Beauty'；西姆王亮丝草 *Aglaonema* 'King of Siam'；白柄亮丝草 *Aglaonema commutatum* 'White Rajab'；狭叶亮丝草 *Aglaonema commutatum* 'Treubii'；斜纹亮丝草 *Aglaonema commutatum* 'San Remo'；白雪亮丝草 *Aglaonema crispum*；箭羽亮丝草 *Aglaonema nitidum* 'Curtisii'。

亮丝草类

亮丝草类

亮丝草类

亮丝草类

亮丝草类

亮丝草类

亮丝草类

亮丝草类

斜纹亮丝草

银后亮丝草

绿萝

Scindapsus aureum

俗名：魔鬼藤、石柑子

科属名称：天南星科绿萝属

形态特征 大型常绿草质藤本植物。生长于热带地区，常攀援生长在雨林的岩石和树干上，茎蔓粗壮，可长达数米，茎节处有气根。幼叶卵心形，刚繁殖的幼苗叶片较小，色较淡，随着株龄的增长，成熟的叶片则为长卵形，长 15~25 cm，宽 10~15 cm。浓绿色的叶面镶嵌着黄白色不规则的斑点或条斑。因肥水条件的差异，其叶片的大小有别。绿萝枝繁叶茂，耐荫性好，终年常绿，有光泽。

应用地域 原产于热带地区；耐荫性，热带地区园林中应用广泛。温带地区是温室和室内观赏的优良观叶植物。

园林应用 在园林中常作垂直绿化，吸附在岩石、树干向上生长。偶尔用作地被和庭院布置。室内观赏较多。

相关品种 有金叶葛 'All Gold '，叶金黄色；翠藤 'Virens' ，有些叶散生黄点；黄金葛 *Epipremnum aureum*，叶上有黄色斑块；金叶蔓绿绒 *Philodendron erubescens* 'Gold'。

金叶蔓绿绒

绿萝

蚌兰
Rhoeo spathacea

俗名	科属名称
紫背万年青、蚌花	鸭跖草科紫背万年青属属

形态特征 多年生草本。株高 20~40 cm，冠幅 15~25 cm，地被质地较粗糙。茎短。叶簇生于短茎上，披针形，硬挺质脆，上面暗紫色，叶背紫色，长 15~30 cm，宽 2.5~6 cm，先端渐尖。花序腋生，具短柄；花无数，聚生，白色，长约 6 mm，微 2 枚蚌壳状的苞片所包藏；苞片大而压扁，长 3~4 cm，淡紫色。花期 9~10 月。

应用地域 原产于墨西哥和西印度群岛。我国南方地区广泛栽培。

园林应用 可在庭园中作地被，也可作花坛或盆栽观赏。小蚌兰株形紧凑，地被的质地细致，景观效果不同于蚌兰。

相关品种 金线蚌兰 'Variegata'，叶面有金黄色、紫色纵条纹；小蚌兰 'Compact'，植株小，叶小，密集着生，叶背淡紫色；条纹小蚌兰 'Dwarf Vaiegata'，叶面具有粉色纵条纹。

小蚌兰

条纹小蚌兰 Dwarf Variegata

金线蚌兰

条纹小蚌兰

蚌兰

蚌兰

吊竹梅

Zibrina pendula

俗名

吊竹兰、斑叶鸭跖草

科属名称

鸭跖草科吊竹梅属

形态特征 多年生常绿蔓生草本。地上茎细长、肉质、柔软，呈匍匐状下垂生长，节间膨大。单叶互生，基部抱茎，长卵形，全缘。叶面绿色，具两条宽阔银白色纵条纹，叶缘有紫红色斑纹，叶背紫红色。花序腋生，花小，紫红色。花期夏季。

应用地域 原产于墨西哥和美国南部。现我国广泛栽培。

园林应用 是室内外绿化装饰不可多得的地被植物。垂直绿化效果也好，可放在花架、橱顶，或吊在窗前自然悬垂，攀援树干、石壁观赏效果极佳。也可作花坛花镜的镶边。

相关品种 美叶吊竹梅 'Discolor'、姬吊竹梅 'Minima'、大吊竹梅 'Purpusii'、四色吊竹梅 'Quadricolor'。

吊竹梅

吊竹梅

四色吊竹梅

紫锦草
Setcreasea purpurea

俗名
紫叶草，紫竹梅

科属名称
鸭跖草科紫锦草属

形态特征 多年生常绿草本，枝叶肉质状，稍多汁，全株呈紫红色，高约15~50 cm，半直立，茎伸长后呈半蔓性，能匍匐地面生长，多分枝；叶互生，狭披针形，长约6~16 cm，宽约1~2 cm，先端渐尖，弯曲成槽形，全缘，叶基部抱茎，紫红色，质脆，被白色细绒毛，叶面具暗色脉纹；花顶生或腋生，为缩短聚伞花序，花下有2枚大型包叶，花萼片3枚，光滑，花瓣3枚，淡紫色或桃红色；雄蕊6枚，花丝有念珠状毛，花药黄色；子房上位，3室，每室有2个胚珠。蒴果。花期为夏、秋季节。

应用地域 原产于墨西哥等地。喜温暖湿润，阳光充足的环境，对土壤要求不严。现我国多个地区广泛栽培。

园林应用 可用作地被；亦可为花坛的主体植物，用作点缀花坛或作为花坛的镶边材料；也可布置客厅、书房、办公室和卧室，大盆的可放在窗前及花架上；作吊盆亦有很高的观赏价值。

相关品种 无。

紫锦草

栉花竹芋

Ctenanthe oppenheimiana

俗名

七彩竹芋

科属名称

竹芋科，栉花竹芋属

形态特征 多年生常绿草本植物。茎枝坚挺，簇生，高 0.7~1 m；叶长披针形，长 20~30 cm，全缘，革质，深绿色，由中脉沿侧脉有羽状银白色斑纹，6~8 对，叶背紫红色，有细茸毛，叶柄长 50~60 cm。

应用地域 原产于南美巴西和哥斯达黎加。我国热带亚热带地区栽培应用。

园林应用 可作地被、花坛花镜和庭院布置。

相关品种 三色栉花竹芋 *Ctenanthe oppenheimiana* 'Tricolor' 侧脉两侧深绿色，有不规则的乳白色或淡桃红色斑块；四色栉花竹芋 *Ctenanthe oppenheimiana* 'Quadricolor' 叶乳白色和淡桃红色。同属常见种还有镶嵌斑竹芋、三色栉花竹芋，毛柄栉花竹芋，斑叶竹芋 *Maranta arundinacea* 'Variegata'。

斑叶竹芋

栉花竹芋

四色栉花竹芋

栉花竹芋

紫背竹芋
Stromanthe sanguinea

俗名
红背卧花竹芋、红背竹芋、卧花竹芋

科属名称
竹芋科卧花竹芋属

形态特征 多年生草本植物。株高 80~100 cm，冠幅 50~60 cm，直立。叶片长卵形或披针形，长 20~30 cm，宽 6~8 cm，厚革质，深绿色有光泽，中脉浅色，叶背血红色。花序圆锥状，苞片及萼鲜红色，花瓣白色。

应用地域 原产于巴西。我国热带、南亚热带地区园林栽培应用。

园林应用 有较好的耐荫性，可作地被、花坛花镜，也可点缀庭院。

相关品种 玫瑰竹芋 *Calathea roseo-picta*，近叶缘处有白色斑纹，侧脉之间有淡绿色的宽带，叶背和叶柄均红色；绒叶肖竹芋 *Calathea zebrina*。

玫瑰竹芋

紫背竹芋

紫背竹芋

紫背竹芋

花叶香蒲

Typha latifolia 'Variegata'

俗名
花宽叶香蒲

科属名称
香蒲科香蒲属

形态特征 多年生挺水草本植物。植株高 80~120 cm，丛生。叶剑状、直立，叶片上部较软；叶片带银白纵条纹。花单性，黄色，雌雄同株，构成顶生的蜡烛状顶生花序，花序棍棒状，粗壮。花期 5~8 月。

应用地域 为宽叶香蒲的栽培品种，适宜于我国热带亚热带地区园林栽培应用。应用较少，有逐步扩大的趋势。

园林应用 叶片具有白色的条纹，绿白相交，清秀隽雅，飘逸美观。喜生于浅水中，丛植于河岸、桥头水际，观赏效果甚佳。

相关品种 无。

花叶香蒲

花叶香蒲

花叶鸢尾

Iris 'Variegata'

科属名称

鸢尾科鸢尾属

形态特征 多年生挺水或湿生和中生草本植物。植株高 60~90 cm，丛生。叶剑状、直立，叶片对生套迭形成同平面的扇型；叶片边为白色。花两性，蓝紫色，花瓣大而下垂，花萼小而直立，花葶较长，高出叶面。花期 5~8 月。

应用地域 为栽培品种，适宜于我国热带亚热带地区园林栽培应用。应用较少。

园林应用 叶片边缘具有白色的条纹，绿白相交，叶片挺立，刚劲不失飘逸之美。喜生于浅水中，也可配置于湿地和旱地，丛植于河岸、桥头水边，观赏效果甚佳。

相关品种 无。

花叶鸢尾

花叶鸢尾

第三节 蕨类植物

凤尾蕨
Pteris cretica

俗名	科属名称
凤尾草	凤尾蕨科凤尾蕨属

形态特征 常绿蕨类，多年生小型草本。叶丛生，株高0.2~0.4 m，冠幅0.3~0.4 m；树冠质地粗糙。茎短，生于近地表。叶厚，具有光泽，中间具有白色条纹，色彩鲜明。

应用地域 应用地域较广，从亚热带到热带地区，温带地区可室内布置。

园林应用 具有较强耐阴性，可作林下地被、花坛花镜和庭院布置，也是蕨类专类园常用种类。

相关品种 以银心凤尾蕨 *Pteris cretica* 'Albolineata' 为常见、常用。相关种类还有银脉剑叶凤尾蕨 *Pteris ensiformis* 'Victoria'。

银心凤尾蕨

银脉剑叶凤尾蕨

中文名索引

学名索引

K

L

M

N

O

P